GRAVES ERREURS

DE

M. THOMAS.

GRAVES ERREURS

DE

M. THOMAS,

DANS SON ESSAI DE STATISTIQUE

SUR L'ILE DE BOURBON.

Note nécessaire aux colons, aux négociants et aux
administrateurs des colonies;

PUBLIÉE

Par Auguste BILLIARD,

ET ADRESSÉE A SES AMIS DE L'ILE BOURBON.

PARIS.

TYPOGRAPHIE DE FIRMIN DIDOT,

RUE JACOB, N° 24.

1829.

GRAVES ERREURS

DE M. THOMAS,

DANS SON

ESSAI DE STATISTIQUE SUR L'ILE DE BOURBON.

Un ancien Commissaire de marine, chargé du service administratif à l'île de Bourbon, M. Thomas, vient de publier, sur la statistique de cette colonie, un ouvrage que l'Académie des sciences a couronné. Les fonctions que l'auteur a remplies pendant plusieurs années, le suffrage dont il a été honoré, devant donner beaucoup de crédit à ses assertions, il ne devient que plus nécessaire de relever les erreurs qu'il a pu commettre. Quelques-unes sont graves; elles sont de nature, dans les circonstances actuelles, à causer un grand préjudice à l'agriculture et au commerce de nos colonies.

M. Thomas a entr'ouvert les cartons de son administration; on doit lui en savoir gré. Son livre contient des renseignements précieux; cependant il ne tenait qu'à lui d'en donner d'autres encore plus intéressants. Par exemple, il nous apprend fort bien que la colonie paie quatorze à quinze cent mille francs d'impôts: mais nulle part il ne nous fait connaître l'emploi de cette contribution. Cela n'eût pas été indifférent à connaître.

Ce n'est pas sur ce chapitre que j'attaquerai M. Thomas; je me bornerai à faire remarquer l'inexactitude de ses chiffres dans l'évaluation des revenus et des charges de la colonie. Ne tenant point compte des dépenses les plus évidentes, il donne à croire que l'île de Bourbon est plus riche, dans un état plus prospère qu'elle n'est en effet. On trouvera, d'après M. Thomas, que la production des denrées, dites coloniales, y est peu coûteuse, qu'elle donne d'énormes bénéfices, que les impôts y doivent être à peine sensibles, et qu'enfin la colonie n'a besoin d'aucun ménagement pour la soutenir, du moins quelque temps encore, contre la concurrence étrangère. M. Thomas dit, il est vrai, que les contributions sont déja trop considérables : mais à quoi bon cette observation, s'il fait voir d'un autre côté par ses chiffres que l'impôt n'absorbe pas le dixième des revenus?

Il est donc important de rectifier M. Thomas pour éclairer l'opinion publique et celle du gouvernement sur la véritable situation de la colonie de Bourbon.

D'après M. Thomas, le revenu de cette colonie se composerait :

1° Des produits de la culture, denrées coloniales et céréales, s'élevant à... 14,564,267 fr.

2° Des profits du commerce dans la colonie s'élevant à..... 4,744,856

Total du revenu brut 19,309,123

Les produits de la culture, dont le montant est établi sur les états de récolte des années 1820, 1821, 1822, sont relevés avec exactitude : à cet égard on peut s'en rapporter au livre de M. Thomas.

Les bénéfices du commerce, que l'auteur élève à 4,744,856 fr., sont évidemment exagérés.

Il suppose que sur les exportations de............... 9,711,711 fr. (1)

Et les importations de... 6,684,655 (2)

Total 16,396,366

le commerce a fait un bénéfice de 25 à 33 pour cent : terme moyen 29 pour cent. Dans quel pays du monde le commerce de notre temps donne-t-il

______

(1) (2) Terme moyen des années 1820, 1821 et 1822.

de semblables profits? Certains négociants peuvent gagner deux et trois capitaux pour un , mais où il y a le plus de chances de bénéfices, c'est aussi là qu'on a le plus de risques à courir. L'intérêt du commerce n'est qu'à 12 à Bourbon , avec l'escompte il n'est pas au-delà de 15 pour cent; je ne parle pas de quelques spéculations usuraires qui ne sont qu'une exception à l'usage. On ne peut pas admettre que le bénéfice général du commerce s'élève beaucoup au-dessus du taux commun des négociations. S'il en était autrement, au lieu de prêter ses fonds à un autre pour spéculer sur les marchandises, un négociant ferait beaucoup mieux de garder la spéculation pour son propre compte.

Mais M. Thomas omet de porter en ligne les produits que donnent les troupeaux de la colonie, et les animaux attachés à son exploitation. Cette production, à mon estime, nous ramènera à la somme de dix-neuf millions, montant du produit brut de toutes les industries coloniales à l'île de Bourbon en 1821. Ainsi, après avoir rectifié les éléments dont se compose le total, j'admettrai le chiffre de M. Thomas, comme indiquant avec exactitude le revenu brut de la colonie.

Passons aux charges à déduire de ce revenu pour avoir le produit net de l'île de Bourbon.

Ces charges, suivant M. Thomas, se composeraient des articles suivants :

1° Nourriture, entretien, frais d'exploitation calculés a raison de 20 fr. par tête de noir, ce qui ferait pour 63,000 noirs (1). .   1,260,000 fr.

2° Consommation de denrées coloniales dans le pays.   930,000

Vivres consommés par 22,000 blancs et hommes de couleur libres.   2,500,000

4° Impôts.   1,467,000

Total   6,157,000

Le produit brut étant de.   19,309,123

Le revenu net de l'île serait de   13,152,123

Il faut donc croire, d'après M. Thomas, que l'île de Bourbon avait en 1821 un revenu annuel d'au-moins 13,000,000 fr., toutes contributions payées. Il me sera facile, avec le secours de M. Thomas lui-même, de démontrer que

-----

(1) M. Thomas nous dit que c'est M. J. B. Pajot, ancien président de la Cour Royale, qui lui a donné ces renseignements. Je comprends fort bien la note que M. Pajot a pu fournir, mais assurément il n'a jamais eu la pensée de réduire à si peu de chose le montant des frais de toute nature pour les exploitations coloniales.

son chiffre est de la plus grande inexactitude.

La consommation en denrées céréales, pour les noirs, emporte, je le suppose, la moitié de l'article de.... 1,260,000 fr., ci 630,000 fr.

Celle en denrées coloniales, pour les diverses populations, st de....................... 930,000 fr.

En vivres pour les blancs et les libres, de................ 2,500,000 fr.

Total de la consommation en céréales et denrées coloniales.... 4,060,000 fr.

A la page 92 de son livre, tome II, appuyé d'un état que je crois fort régulier, M. Thomas nous apprend que sur les produits en céréales et denrées coloniales, la colonie garde et consomme une valeur de......... 5,500,000 fr.

A la page 192, il nous réduirait à la somme de........... 4,060,000 fr.

Nous sommes obligés de revendiquer.................. 1,440,000 fr.

Ce serait déja une augmentation de charges de près d'un million et demi. En effet que M. Thomas considère qu'il ne faut pas seulement nourrir les blancs, les libres et les esclaves, mais

encore les troupeaux et les autres animaux em-
ployés à l'exploitation ; il faut aussi garder des
semences pour la reproduction ; il sait enfin que
chaque noir consomme par an , environ une
velte d'arack ou tafia qui coûte 4 fr. 5o c.

M. Thomas nous dit d'ailleurs dans son livre
que la colonie ne fait plus assez de vivres pour
sa consommation. Les états d'importation qu'il
nous présente, prouvent en effet qu'on reçoit
annuellement du dehors, une quantité de riz
qu'on ne peut évaluer à moins de 3oo,ooo fr.
Il faut encore ajouter cette somme à la dépense
de consommation établie à la page 92 de son
deuxième volume. Cette consommation s'élevera
donc en denrées coloniales et céréales, à la
somme de.................... 5,8oo,ooo fr.

Mais pour que le poids des
charges soit moins considérable,
je n'y comprendrai point, comme
le fait M. Thomas, le prix des
céréales et denrées coloniales con-
sommées par les blancs et les
hommes de couleur libres. La
nourriture du propriétaire et les
douceurs qu'il peut se donner, ne
font point partie des frais d'exploitation ; on ne doit comprendre
dans ces frais que la nourriture

REPORT...... 5,800,000 fr.

des hommes et des animaux atta‑
chés à la culture et aux ateliers,
ainsi que celle des troupeaux. La
consommation en céréales pour
22,000 personnes libres, s'élève
à environ...... 2,000,000 (1).

Celle en denrées coloniales,
pour les mêmes personnes, ab‑
sorbe environ la moitié de l'art.
de 930,000 fr., laissant pour les
noirs, une moitié composée, en
grande partie, de l'arack qu'ils
consomment, ci... 465,000 fr.

A déduire................ 2,465,000 fr.

Reste en consommation pour
les noirs, les animaux attachés
à l'exploitation, les troupeaux et
les semences, ci.............. 3,335,000 fr.

Cet article sera le premier des charges à dé‑
duire du produit brut des revenus,
ci.......................... 3,335,000 fr.

2° L'habillement coûte environ dix francs par
an pour chaque noir. Le nombre en 1821, était

(1) A raison de 450 livres, par an, de blé, riz et maïs.

de 60,000, et non de 63,000, comme le suppose M. Thomas ; cela fait un article de dépense de........................... 600,000 fr.

3° Les frais de médecin sont, par abonnement, d'une piastre par noir, ci........ 300,000 fr.

4° M. Thomas nous apprend que les forces de la colonie sont insuffisantes, et que, pour les charrois et l'exploitation des usines on est obligé de faire venir du dehors une grande quantité de bœufs, de chevaux, d'ânes et de mulets. Nous ne trouvons pas dans le livre de M. Thomas le nombre des animaux importés pendant les années 1820, 1821, et 1822 ; mais il nous fait connaître les importations faites de 1823 à 1825 pour suppléer à l'insuffisance des forces coloniales. Terme moyen, cette acquisition au dehors s'est élevée à une valeur qui ne peut être au-dessous d'un million par an, ci......................... 1,000,000 fr.

5° M. Thomas ne nous passe pas un centime pour la réparation et l'entretien annuel de nos maisons et autres édifices. Il oublie les ravages causés par les ouragans. Est-ce trop de lui demander 2 pour cent sur le capital de 8,220,000, prix auquel il évalue les divers bâtiments ?

Ci pour ces 2 pour cent (1).... 164, 400 fr.

______

(1) Cet article ne comprend pas les réparations qu'on fait

6° Nous demanderons aussi quelque chose à
M. Thomas , qui ne nous passe rien , pour l'entretien et le renouvellement des machines à va-
peur, chaudières , moulins , manèges et alambics,
des charrettes et charrues , des pelles et pioches ,
enfin de tous les instruments du travail ; est-
ce trop de réclamer seulement... 400,000 fr.

Qu'il considère pour cet article et le précédent
que la valeur du cuivre, du plomb et du fer importés chaque année, s'élève à environ 150,000 fr.
sans y comprendre les machines et chaudières à
remplacer dans les sucreries. La main-d'œuvre
doit au moins tripler cette valeur.

7° Un article important de dépense est encore
oublié par M. Thomas. Il nous apprend que
pendant la durée de son administration , les nais-
sances de noirs ont été loin de compenser les
décès ; que la population esclave s'est détruite
d'une manière effrayante à l'île de Bourbon ; enfin
que, sans un secours étranger , elle fut tombée
de 54,000 à 45,000 individus ; que cependant
elle s'élevait à 70,000 noirs à l'époque de son
départ. L'importation eut donc été de 25,000
noirs pendant six ans. Par composition M. Thomas consent à réduire le nombre des noirs à

avec les noirs de l'habitation, mais avec les ouvriers et matériaux qu'il faut se procure ailleurs.

63,000 fr. au moment où la colonie eut le malheur de perdre cet administrateur.

Il serait aisé de prouver que la colonie n'avait pas plus de 60,000 noirs en 1821. Le secours de la traite n'eût donc été que de 15,000 noirs pendant six ans, ce qui fait 2500 par an, à 200 piastres ou 1000 fr. par tête de noir, ce serait encore un article de dépense annuelle s'élevant à.............................. 2,500,000 fr.

M. Thomas ne nous répondra pas que les noirs de traite ont été donnés pour rien aux cultivateurs, ou que la traite étant défendue, cet article ne doit pas être porté en ligne de compte. Toutefois, je lui ferai observer, d'après des renseignements qu'il m'a été plus facile qu'à lui de recueillir, que le secours de la traite n'a jamais été aussi considérable qu'on pourrait le supposer d'après M. Thomas. On ne suppléera aux noirs de traite qu'en encourageant le développement de la population esclave, ce dont M. Thomas ne paraît pas s'être beaucoup occupé, et en augmentant les forces auxiliaires que procurent les animaux et les machines. Dans ces deux cas, comme dans celui de la traite, il y aura toujours une dépense de reproduction de forces dont on ne peut estimer la valeur pendant un certain nombre d'années à moins de deux millions par an, ci...................... 2,000,000 fr.

8° Encore un article important de dépenses dont M. Thomas ne parle pas, car il a entrepris de montrer la colonie de plus en plus riche et prospère par l'effet de son administration. Cet article omis est celui des frais de gestion. M. Thomas n'ignore pas que les exploitations qui dépassent 5o noirs demandent un ou plusieurs *géreurs* blancs ou libres; que ces géreurs n'exercent point gratuitement l'état le plus pénible; qu'ils reçoivent un salaire qui va quelquefois jusqu'à $\frac{1}{7}$ du produit, souvent à $\frac{1}{10}$; rarement ils se contentent d'un intérêt moins considérable. Enfin M. Thomas sait que c'est une industrie lucrative pour une foule de jeunes gens arrivant de France ou appartenant à la colonie. Tout le monde, il est vrai, n'a pas de géreur. Une sucrerie en emploie souvent plusieurs. Pour ne pas avoir de chicane avec M. Thomas, il nous accordera que les frais de *géreur* s'élèvent au moins à 6 pour cent seulement sur la valeur des denrées coloniales exportées. Suivant M. Thomas ces exportations ont été de neuf millions, terme moyen des années 1820, 1821 et 1822. L'article sera donc de...... 540,000 fr.

9° N'ayant pas sous les yeux de compte d'habitation, je puis avoir oublié beaucoup d'autres articles de dépense, par exemple celui des frais de marronage, celui des frais d'emballage qui est très-considérable, celui des réquisitions de noirs faites par le gouvernement ou les communes ; M. Thomas ne me refusera pas pour les articles omis ou imprévus la modique somme de...................... 200,000 fr.

10° Joignons à toutes ces dépenses la charge des contributions............. 1,467,000 fr.

Faisons maintenant la récapitulation des divers articles :

1° Consommation en vivres des noirs et des animaux, emploi pour les semences...................... 3,335,000 fr.

2° Habillement des esclaves... 600,000

3° Frais de médecin........ 3oo,ooo

4° Supplément de forces étrangères, en chevaux, bœufs, ânes et mulets, ci............... 1,000,000

5° Réparations des bâtiments. 164,4oo

6° Renouvellement, entretien des usines, et divers instruments de travail, ci............... 4oo,ooo

7° Reproduction ou remplacement des noirs, ci............. 2,000,000

8° Géreurs................. 54o,ooo

6° Dépenses diverses imprévues 200,000

10° Contributions........... 1,467,000
____
10,006,4oo fr.

Le revenu brut est de....... 19,309,123
La dépense de............. 10,006,400

Le produit net sera de...... 9,302,723

Qu'on veuille se le rappeler, j'ai retranché de l'article des charges la consommation des blancs et des hommes de couleur libres, s'élevant à........... 2,465,000

et à une somme plus considérable d'après M. Thomas.

Le revenu net, suivant sa manière inconcevable de calculer, ne serait plus que de .... 6,837,723 fr.

Mais, laissant de côté l'article que M. Thomas porte aux charges, le revenu net, en définitive, était, en 1821, de neuf millions et quelques cent mille f., et non pas de 13,150,000, comme il plaît à M. Thomas de le supposer. Pour n'avoir point de discussion avec lui, nous lui accorderons, s'il le veut, quelque réduction sur les frais d'exploitation, qui ne sont pas seulement des trois septièmes, mais bien de la moitié du revenu brut. Cette règle est générale, en France comme dans les colonies. On sait que chez nous les frais d'exploitation emportent la moitié du produit. En effet, ne donnons-nous pas au métayer, ou *moitoyer*, comme on l'appelait autrefois, cinquante gerbes du champ qui en rapporte cent.

Comme en bonne statistique on ne comprend pas dans les prix d'exploitation les vivres et le café consommés par le propriétaire, la dépense pour la culture et pour l'industrie manufacturière de la colonie ne serait que de douze à treize cent mille francs : résultat vraiment admirable, et dont la découverte fait le plus grand honneur à la sagacité et à l'administration de M. Thomas!!!

M. Thomas a donc accumulé erreur sur erreur dans la partie la plus importante de son travail. S'il eût voulu demander à quelque fabricant de sucre, ou à tout autre cultivateur, le journal de son habitation, il eût vu que les dépenses annuelles d'une exploitation quelconque ne peuvent jamais s'élever à moins des trois septièmes du revenu, si les travaux ont quelque activité. Celui qui ne fait pas ces dépenses n'obtient pas de revenus; en effet, je lui citerais des habitants qui, propriétaires de cent esclaves, trouvent à peine le moyen de défrayer passablement leur maison.

Pour avoir tout de suite un exemple sous les yeux, que M. Thomas se représente l'état des dépenses des noirs appartenant au gouvernement colonial; qu'il nous dise combien il en coûte pour leur nourriture, leur entretien et les frais d'hôpital; qu'il nous informe du prix des outils qu'on achète tous les ans, et des matériaux qu'on met en œuvre; surtout qu'il nous fasse connaître quelle a été chaque année la mortalité parmi les noirs, en indiquant le prix de chaque noir ou mort ou remplaçant. Je réponds d'avance que jamais habitation n'aura coûté si cher à cultiver.

Maintenant qu'on établisse le rapport du revenu avec le capital des propriétés coloniales.

Ce capital est, suivant M. Thomas, de 165,000,000 de francs; le revenu net est de 9,000,000, disons si l'on veut 9,500,000 francs. Nous ne trouverons pas tout-à-fait 6 pour cent du capital.

M. Thomas, lui-même, en grossissant le revenu ne trouve que 8 pour cent de ce même capital.

On n'aurait pas 4 pour cent en comprenant dans les frais d'exploitation le prix des vivres pour les blancs et les libres de couleur.

Qu'est-ce que 4, 6 et même 8 pour cent du capital dans un pays qui n'a point d'avenir. Au rapport et sous l'administration de M. Thomas, la population ouvrière s'y est engloutie; l'ouragan vous menace tous les ans; on ne peut manquer d'être pris par l'ennemi si la guerre vient à se déclarer. Assurément ce serait un état bien misérable pour une colonie, si les revenus ne s'y élevaient pas même à 8 pour cent du capital.

M. Thomas sait fort bien que, lorsqu'on vend une propriété à Bourbon, on en calcule le prix sur 10 ans de revenu. C'est dans dix ans qu'il faut avoir retrouvé son capital. Ce prix est subordonné aux chances naturelles de l'avenir, à l'incertitude de l'état politique, à la distance des colonies de leur métropole, à d'autres causes enfin, qu'il serait trop long d'expliquer.

Il faudrait donc à l'île de Bourbon retirer au moins 10 et 12 pour cent de son capital. Je ne crois pas, quelle que soit la prospérité actuelle de la colonie, que l'on obtienne partout ce résultat. Je ferai observer à M. Thomas qu'inexact dans ses évaluations, il a porté le capital colonial à une somme beaucoup plus considérable qu'elle ne l'était en 1821.

Il suppose que la colonie avait 63,000 noirs, dont 56,000 à 2000 fr. et le reste en non valeur; ce qui porte les 63,000 à 1793 fr. par tête de noir; je parle toujours des années 1820, 1821 et 1822.

Le nombre des noirs n'était, répétons-nous, que de 60,000 en 1821. Je n'accuserai point l'administration de M. Thomas d'avoir laissé faire les recensements avec une négligence qui aurait omis plusieurs milliers d'esclaves. Jamais notre maison, qui possédait 200 noirs à Bourbon, n'e chercha à en soustraire un seul à la capitation. Je connais beaucoup de personnes qui se piquent de la même exactitude.

Dans la période de 1820 à 1822, en prenant un prix moyen pour les noirs de tout âge et de tout sexe, les esclaves ne se sont point vendus 1793 fr. Le prix moyen, qui n'était d'abord que de 150 piastres (750 fr.), s'éleva en 1821 et 1822 à 200 piastres (1000 fr.). M. Thomas, pour s'en convaincre, n'avait qu'à consulter les inventaires et les ventes à l'encan faites après décès; je ne parle pas de l'augmentation considérable survenue dans le prix des esclaves, après le départ de M. Thomas.

60,000 noirs à 200 piastres ou 1000 fr. représentent un capital de soixante millions.

Le prix de la propriété mobilière ou immobilière n'aura pas été en 1821 de 165 millions, mais seulement de 110 millions, dont le revenu était à la même époque de 9 à 10 millions. Le rapport était de 8 à 9 pour cent. Telle est l'exacte vérité.

Dans un ordre de choses pareil à celui qui existe depuis quelques années, la colonie déclinera et sera en perte du moment où cette proportion n'existera plus.

Mais si l'on parvient, comme on peut l'espérer, avec des moyens dont M. Thomas ne paraît pas avoir eu la pensée, à rendre la traite inutile à Bourbon, à y maintenir la population au pair sans aucun secours étranger, comme cela se voit aux États-Unis, alors un avenir plus assuré diminuera nécessairement le cours de l'intérêt. Avec une administration généreuse, bienveillante pour les blancs comme pour les noirs, on arrivera graduellement à ces heureux résultats.

Si je n'ai pas porté à une valeur assez élevée le prix des noirs en 1821 et 1822, il en résultera une diminution dans le revenu. Les évaluations de M. Thomas n'en paraîtront que plus fautives, que plus préjudiciables aux intérêts de la colonie.

Il n'est pas question dans cette note de l'estimation des produits de la colonie à l'époque actuelle. M. Thomas dans un travail supplémentaire nous mettrait à même de connaître cette situation, s'il n'était pas tombé dans les mêmes erreurs que pour les années précédentes. Je sais que depuis son départ de Bourbon le prix des noirs a beaucoup augmenté; mais, d'un autre côté, les revenus ont aussi pris un accroissement considérable, par une meilleure culture et par l'emploi mieux entendu des machines. Ainsi la proportion pourrait être la même entre les revenus et le capital qu'en 1821 et 1822.

J'ai voulu démontrer les erreurs graves de M. Thomas. Il serait aisé d'en trouver beaucoup d'autres dans son ouvrage, surtout d'y relever certaines doctrines qu'en bonne économie politique on ne saurait adopter.

Tel n'a point été mon but, mais seulement il m'a paru nécessaire d'éclairer l'opinion publique dans un moment où il est pour les colonies infiniment préjudiciable d'être mal appréciées par la métropole. Il demeurera pour constant que les charges de la colonie de Bourbon sont beaucoup plus pesantes, et la proportion des impôts beaucoup plus élevée qu'il ne plaît à M. Thomas de le supposer. On sera étonné qu'un homme, qui a demeuré six ans dans un pays où il a été chargé du service administratif, n'ait pas mieux su se rendre compte des frais à déduire des revenus. Le livre de M. Thomas est un mauvais tour, fait à une colonie qu'il n'a vue que de son bureau, que d'ailleurs il n'a jamais aimée, et où l'on ne croit pas qu'il ait laissé beaucoup de regrets.

Aug^{te} BILLIARD,

Premier candidat, présenté en 1820, par la colonie pour la
députation à Paris,

FIN.

www.ingramcontent.com/pod-product-compliance
Ingram Content Group UK Ltd.
Pitfield, Milton Keynes, MK11 3LW, UK
UKHW021644130726
13696UKWH00005B/2392